ÉTUDE DU RAPPORT

DE

L'AZOTE DE L'URÉE

A L'AZOTE TOTAL

DANS LES URINES NORMALES ET PATHOLOGIQUES

PAR

Henri-Pierre BAYRAC

Docteur en Médecine,
Pharmacien de première classe,
Licencié ès-sciences physiques.

LYON

TYPOGRAPHIE ET LITHOGRAPHIE J. GALLET

2, rue de la Poulaillerie, 2.

1887

ÉTUDE DU RAPPORT

DE

L'AZOTE DE L'URÉE

A L'AZOTE TOTAL

DANS LES URINES NORMALES ET PATHOLOGIQUES

ÉTUDE DU RAPPORT

DE

L'AZOTE DE L'URÉE

A L'AZOTE TOTAL

DANS LES URINES NORMALES ET PATHOLOGIQUES

PAR

Henri-Pierre BAYRAC

Docteur en Médecine,
Pharmacien de première classe,
Licencié ès-sciences physiques.

LYON

TYPOGRAPHIE ET LITHOGRAPHIE J. GALLET

2, rue de la Poulaillerie, 2.

1887

ÉTUDE DU RAPPORT

DE

L'AZOTE DE L'URÉE

A L'AZOTE TOTAL

DANS LES URINES NORMALES ET PATHOLOGIQUES

INTRODUCTION

L'être vivant consomme à chaque instant, pour l'accomplissement de ses fonctions, une certaine quantité d'albuminoïdes, de matières grasses et d'hydrates de carbone. Que l'animal soit à l'inanition ou nourri, toujours on retrouve en effet, dans ses sécrétions ou excrétions des produits de désassimilation de ces matières. C'est dans l'élément cellulaire que se passent ces phénomènes de désassimilation ; mais d'après quelle loi ? Il est impossible de répondre actuellement. Pour ne parler que de la dénutrition des matières azotées, on suppose, en se basant sur des réactions de laboratoire, qu'elle est le résultat de phénomènes de dédoublement, d'hydratation et d'oxydation ; que l'urée est le produit ultime de ces phénomènes et que l'acide urique, la créatine, la créatinine, etc., en sont les produits incomplets.

MM. Schultzen et Nencki ont en effet trouvé que l'ingestion du glycocolle (acide amide) augmente la proportion d'urée dans l'urine.

M. F. Salkowski a confirmé ce résultat et a vu de plus que la sarkosine ou méthylglycocolle, homologue supérieur du glycocolle, augmente aussi la quantité d'urée excrétée. Pareil résultat a été obtenu chez les lapins par l'ingestion de l'alanine isomérique avec la sarkosine.

Les acides amidés dont le glycocolle est le principal représentant se retrouvent donc dans l'urine à l'état d'urée. Or, ces acides étant des produits d'hydradation des albuminoïdes, on peut bien dire que l'urée est le dernier terme de la désassimilation des albuminoïdes, les amides dont nous venons de parler constituant un des échelons intermédiaires. L'acide urique, la créatine, la créatinine et d'autres produits azotés doivent bien être aussi des intermédiaires comme les acides amidés, car : 1° l'acide urique oxidé fournit de l'urée ; 2o l'acide urique ingéré directement disparaît et se retrouve à l'état d'urée d'après les expériences de Wechler et Frerichs, confirmées par divers observateurs; 3° enfin, nous le démontrerons dans ce travail, les troubles respiratoires qui empêchent l'oxygène d'arriver en quantité suffisante, augmentent d'une façon très notable la quantité de ces produits azotés incomplets.

Il ressort de ces considérations, que plus la quantité d'urée sera forte par rapport aux autres produits azotés de désassimilation, plus la combustion des albuminoïdes aura été vive. Cette proportion relative d'urée nous sera fournie par un rapport que nous nous proposons d'étudier dans ce travail et que nous exprimons de la façon suivante :

$$\frac{\text{Azote de l'urée}}{\text{Azote total de désassimilation}}$$

Pour simplifier la description que nous allons en faire, nous l'appellerons *rapport azoturique*. Nous allons, tout d'abord, discuter la valeur de ce rapport et montrer combien son étude est importante :

Toute métamorphose organique développe un certain nombre de calories que l'organisme utilise en partie pour maintenir le corps à une certaine température et en partie pour accomplir un travail intérieur et extérieur. Ces calories sont fournies par les albuminoïdes, les hydrates de carbone et les matières grasses. Or ne considérons que la part de calories fournies par les albuminoïdes. -- Pour produire par exemple 100 calories, ces albuminoïdes peuvent être désassimilés suivant une foule de modes ou rapports azoturiques : Ainsi il peut se faire qu'un poids A d'albuminoïdes se désintégrant suivant le mode 82, c'est-à-dire suivant le rapport :

$$\frac{\text{Azote de l'urée}}{\text{Azote total de désassimilation}} = 82$$

produise exactement ces cent calories.

N'est-il pas évident que si le poids A brûle suivant le rapport 90, le nombre de calories produit sera supérieur à 100 ? Si, puisque la quantité d'urée sera plus forte et que ce corps est un produit plus avancé d'oxydation ; on sera bien en droit de dire alors que pour un même poids d'albuminoïdes désassimilés, l'énergie comburante est proportionnelle au rapport de l'azote de l'urée à l'azote total de désassimilation. On voit déjà la signification que nous attachons aux mots énergie comburante et mode de dénutrition ; mais poursuivons :

Pour produire 100 calories il faut un poids A d'albuminoïdes se désintégrant suivant le rapport azoturique 82 ; pour produire 200, 300, etc., calories il faudra des poids A $\times$ 2. A $\times$ 3, etc., d'albuminoïdes qui donneront dans leur désassimilation.

$$\frac{\text{Azote de l'urée} \times 2}{\text{Azote total} \times 2} = 82 \qquad \frac{\text{Azote de l'urée} \times 3}{\text{Azote total} \times 3} = 82, \text{ etc.}$$

et, si ces diverses combustions se font dans le même temps, on dira nécessairement que la dénutrition est 2 fois, 3 fois plus forte que dans le cas du poids A se désassimilant suivant le rapport 82.

Ainsi donc l'énergie comburante des albuminoïdes est en raison directe du rapport azoturique si le poids des albuminoïdes, désassimilé dans un temps donné, est invariable, mais la dénutrition est en raison directe des poids des albuminoïdes brûlés dans un temps donné *(Poids qui se traduiront par l'azote total de désassimilation)* si un même mode de dénutrition persiste, si le rapport azoturique est invariable.

On voit qu'un poids A d'albuminoïdes se désintégrant avec une énergie comburante exprimée par le rapport 90 par exemple, peut produire autant de calories qu'un poids B d'albuminoïdes plus grand que A se désintégrant plus activement mais suivant un mode plus faible, 82 par exemple.

En résumé, le rapport azoturique de désassimilation indique la plus ou moins grande oxydation des matières albuminoïdes.

Tout ce que nous venons de dire s'applique nécessairement au rapport azoturique absolu que nous ne pouvons pas connaître puisqu'il exige la détermination des poids absolus de l'azote de l'urée et de l'azote total produits dans les éléments cellulaires sous l'influence des lois de désassimilation ; mais on peut déterminer facilement, comme nous le montrerons par la suite, le rapport azoturique de l'urine, rapport relatif, car il n'est pas probable que tous les éléments de dénutrition azotés passent intégralement dans l'urine. Nous croyons cependant qu'en appliquant aux rapports azoturiques relatifs le raisonnement que nous a inspiré le rapport absolu, nous nous éloignons fort peu de la vérité. Mais il faut évidemment, pour bien interpréter

les résultats, faire une analyse sévère des conditions
expérimentales où se trouve placé le sujet, et ne pas
oublier que le rein, par sa seule fonction, peut avoir
une influence très marquée sur le rapport azoturique,
la désassimilation intra-cellulaire n'ayant cependant
pas varié. Expliquons-nous par un exemple : De
nombreuses analyses, faites sur notre urine, nous ont
montré qu'une forte ingestion d'eau augmente le
rapport azoturique. Ceci n'a rien d'étonnant, puisque les
auteurs ont remarqué que l'urée est augmentée et
l'acide urique est diminué par une forte absorption
d'eau. Doit-on conclure de ce fait, absolument vrai,
que l'eau ingérée en grande quantité augmente l'énergie
comburante des albuminoïdes ? Pas le moins du monde,
à notre avis. Pour nous, l'eau a dilué les milieux où se
forment les échanges, ce qui a permis à l'urée de passer
plus facilement dans le rein que l'acide urique et les
autres produits azotés plus complexes — il y a là une
simple influence dialytique.

Nous croyons avoir suffisamment démontré la
grande importance de l'étude du rapport azoturique des
urines. Ce rapport peut nous renseigner en effet sur le
mode et l'activité plus ou moins grande de dénutrition
des albuminoïdes, chez l'homme sain d'abord, en nous
montrant les modifications qu'apportent à ce mode et
à cette activité, l'ingestion plus ou moins grande
d'aliments, la qualité de ces aliments, le travail musculaire, l'inanition, etc. ; chez le malade, les maladies
aiguës et chroniques. Il y a là toute une série de
problèmes qui se posent et dont il est important de

donner la solution ; tout un système de médications peut s'en suivre.

Tel est le travail que nous nous proposons d'entreprendre. Il nous a été inspiré par M. le professeur Lépine, à qui nous sommes heureux de témoigner notre profonde reconnaissance pour les bons conseils qu'il n'a cessé de nous donner et pour le vif intérêt qu'il a bien voulu nous porter.

Déjà, vers 1880, M. le professeur Lépine avait eu l'idée d'entreprendre une pareille étude :

Le procédé Péligot, un des plus commodes pour le dosage de l'azote total d'une urine, fut employé et lui donna des résultats qui, en partie, ne s'éloignent pas trop des nôtres. Il étudia le rapport de l'azote de l'urée à l'azote total dans les saignées, à l'état normal, chez un chien à l'inanition, quand on injecte sous la peau de l'eau oxygénée et dans certains cas pathologiques. — *Société de Biologie, année* 1880. — Nous rappellerons ses expériences au fur et à mesure.

Plus récemment M Albert Robin a étudié ce même rapport dans la fièvre typhoïde et dans la pneumonie *(Société de Biologie — Décembre* 1886). Il a trouvé que dans la dothienenterie le rapport baissait et que, par conséquent, les oxydations diminuaient ; dans la pneumonie au contraire le rapport augmente et, par suite, les oxydations sont plus vives qu'à l'état normal. Il déduit de ces résultats qu'il faut donner une médication oxydante dans le premier cas et désoxydante dans l'autre. Nos expériences nous ont amenés à des résultats qui ne sont pas tout-à-fait semblables à ceux de M. Albert Robin. Nous avons suivi le procédé Yvon pour le dosage de l'azote de l'urée, et le procédé Henninger pour le dosage de l'azote total.

Notre étude comprend deux parties. Nous étudions le rapport azoturique chez l'individu sain, puis dans les maladies. Cette dernière étude est malheureusement trop vaste pour que nous ayons songé un instant à la terminer ici ; mais nous espérons démontrer par les quelques maladies que nous avons étudiées, l'utilité de recherches semblables dans les diverses entités morbides. Nous terminons notre travail par l'exposé des procédés opératoires que nous avons employés.

PREMIÈRE PARTIE

Etude du rapport azoturique chez l'homme sain.

Nous avons fait un très grand nombre de dosages d'azote uréique et d'azote total chez l'homme à l'état de santé.

Nous en avons déduit les rapports azoturiques que nous allons faire connaître. Nos expériences ont surtout porté sur des hommes de 20 à 30 ans, mais d'après quelques déterminations que nous avons faites chez les individus de tout âge nous croyons pouvoir appliquer nos résultats à tous.

I

Le rapport azoturique varie dans une même journée; il n'est pas le même pour tous. — Ceci ressort d'un grand nombre d'analyses. Et d'abord nous avons opéré sur les urines des 24 heures de six individus, âgés de

23 à 25 ans, robustes et ne fatiguant pas, nourris convenablement et de la même façon à peu près. Chacun a été observé pendant trois jours consécutifs. Pour ne pas surcharger de chiffres ce travail, nous donnons seulement la moyenne des résultats obtenus :

          Urine de 24 heures......... 1654 cent. cubes.
          Azote de l'urée............. 13 gr. 597.
          Azote total.......:.... .... 15 gr. 741.

Soit un rapport azoturique de 87. En passant, nous faisons remarquer que nous avons obtenu très souvent cé rapport 87, chez les gens bien portants.

Il y a quelques jours à peine, MM. Gley et Ch. Richet *Société de Biologie, 8 juin 1887*) ont fait paraître une étude dans laquelle nous trouvons des résultats qui se rapprochent beaucoup des nôtres.

MM. Gley et Richet ont donné la moyenne suivante pour les 24 heures :

          Azote de l'urée............. 13 gr. 65.
          Azote total................... 16 » 22.

Soit un rapport azoturique de 84. M. Albert Robin parle du rapport 85. Le rapport 87 que nous avons obtenu est une moyenne trouvée chez des individus vivant de la vie ordinaire, ne faisant pas d'excès (pendant le temps de l'expérience du moins), travaillant comme d'habitude. — Mais, nous nous empressons de le dire, nous avons trouvé des rapports inférieurs à 87 et d'autres fois beaucoup supérieurs, les individus étant cependant en état de parfaite santé. Pour nous, les rapports azoturiqües normaux varient de 80 à 99. Nous montrerons par la suite dans quels cas on trouve des rapports faibles et dans quels cas on les trouve élevés.

Pour résumer, l'homme sain, vivant de la vie ordinaire, désintègre ses matières albuminoïdes suivant le mode 87. — La dénutrition des 24 heures est représentée par :

$$\frac{\text{Azote de l'urée}}{\text{Azote total}\ldots} = \frac{13 \text{ gr. } 597.}{15 \text{ gr. } 741.} = 87$$

Ce rapport 87 est une moyenne, car, dans la journée, les rapports varient. — Nous donnons des résultats concernant deux hommes de 25 ans, parfaitement bien observés :

1re OBSERVATION — X., âge 24 ans — Poids 60 kilos :

$$\text{Urine après le déjeûner, 11 h. du matin. } \frac{7.397 \text{ (par litre)}}{8.219 \text{ (par litre)}} = 89$$

$$\text{à 4 h. du soir. } \frac{8.219}{9.589} = 85$$

$$\text{à 10 h. du soir. } \frac{13.424}{14.933} = 89$$

2e OBSERVATION. — Y. — âge 25 ans — Poids 80 kilos :

$$\text{Urine du 19 avril au soir}\ldots \frac{12.876}{14.794} = 87$$

$$\text{Le 20 à 7 h. du matin}\ldots \frac{16.164}{19.726} = 82$$

$$\text{Moyenne de la journée du 20. } \frac{10.000}{11.081} = 90$$

$$\text{Urine du 20 au coucher}\ldots \frac{15.675}{19.189} = 82$$

Nous pourrions multiplier les exemples.

Ceux-ci nous suffisent pour montrer que les individus ont un rapport azoturique différent, rapport qui est, du reste, variable dans une même journée, dans les conditions ordinaires de la vie. MM. Gley et Ch. Richet dans le travail auquel nous faisions allusion tout à l'heure arrivent aux conclusions suivantes :

« 1° Le rapport de l'azote uréique à l'azote total est d'environ de 4 à 5 » ;

« 2° Les courbes de l'azote total et de l'azote contenu dans l'urée, montrent que les deux courbes sont parallèles, sauf en un point vers 10 et 11 heures du matin ; il y a peut-être là une erreur de dosage. »

« 3° Les oscillations de l'azote total sont bien moins étendues que celles de l'azote uréique, autrement dit, l'influence des repas se fait sentir plus sur l'urée que sur l'azote total. »

Les deux dernières conclusions sont contradictoires. En effet, les auteurs disent d'abord que les courbes de l'azote de l'urée et de l'azote total sont parallèles, ce qui revient à dire nécessairement que le rapport est invariable ; puis ils affirment que l'azote de l'urée est plus influencé par les repas que l'azote total, ce qui signifie évidemment que le rapport de l'azote de l'urée à l'azote total est variable suivant les repas. — Or, MM. Gley et Ch. Richet ont fait leurs expériences sur trois personnes pendant 3 jours, mais pas soumises à l'inanition et n'accomplissant aucun travail (voir *Société de Biologie*, séance du 18 juin 1887). Ils n'auraient pas dû trouver par conséquent les deux courbes parallèles, les repas influençant plus l'urée que l'azote total, et ils seraient arrivés alors à notre première proposition.

II

Nous vivons généralement suivant un mode tierce. — De nombreuses analyses de rapports azoturiques que nous avons faites chez l'homme sain et chez l'homme malade, il ressort avec on ne peut plus d'évidence que le rapport de deux jours consécutifs n'est pas le même ; mais le rapport du troisième jour est celui du premier ou s'en rapproche énormément. Ceci s'applique au malade et à l'individu à l'état de santé. Ainsi nous avons obtenu sur nous-mêmes et bien d'autres sujets les rapports suivants pour 10 jours consécutifs.

1er jour — 89 ; 2e jour — 87 ; 3e jour — 88 ; 4e jour — 86 ; 5e jour — 89 ; etc., etc. — la période se poursuivant.

Chaque rapport est la moyenne d'une journée.

En d'autres termes l'adage : « Les jours se suivent mais ne se ressemblent pas », se vérifie et aussi cette autre remarque bien ancienne disant que fréquemment les malades atteints d'affections aiguës ou chroniques ont régulièrement « un jour bon et un jour mauvais ».

Ces changements périodiques du rapport azoturique sont produits par une modification périodique dans la quantité d'urée, remarquée en 1882 par M. le professeur Lépine (sur la périodicité régulière à type généralement tierce des maxima et des minima de l'excrétion diurne de l'urée (*Mémoires de la Société de Biologie, 1882*).

M. Lépine a même trouvé, mais rarement, quelques types quarte et plus rarement encore un type quinte. Nous n'avons pas trouvé pour notre part les types quarte et quinte. Quoiqu'il en soit, la périodicité tierce des rapports azoturiques indique bien évidemment que la modification apportée par une cause encore inconnue porte plus sur l'azote de l'urée que sur l'azote total ; il en est de même, nous le verrons, pour la modification qu'apporte l'alimentation. Il ressort aussi de ces considérations qu'il faudra, dans une analyse de rapport azoturique ou d'urée, tenir compte de cette périodicité et ne pas s'étonner de trouver un jour plus ou moins d'urée dans une urine ou un rapport azoturique plus élevé ou plus faible que l'urée ou les rapports de la veille, cela doit être tout naturellement.

Pour résumer, l'individu malade ou sain désintègre ses matériaux azotés suivant un mode de forme périodique tierce, rarement quarte et plus rarement encore quinte.

Il est, croyons-nous, aussi difficile d'expliquer pourquoi nous vivons suivant des périodes tierces que d'expliquer pourquoi il existe des fièvres à type tierce, quarte. — Cependant nous ne pouvons laisser passer l'essai d'explication qu'en a donné M. le professeur Lépine (*Société de Biologie 1882*). « La plupart, sinon tous, des actes vitaux, spontanés ou provoqués sont une série d'actions et de réactions.

Après une dose d'un médicament produisant tel effet, il y a nécessairement, pendant un certain temps, un effet inverse. — Cela étant, je pense que si l'on veut bien considérer les actes vitaux s'accomplissant pendant la durée du nycthéméron comme constituant une période naturelle, autrement dit un tout, il n'y a plus de difficultés : Une période à actions énergiques sera nécessairement suivie immédiatement d'une période inverse et ainsi de suite. »

III .

Une forte ingestion d'eau augmente le rapport azoturique de l'urine. — Ce fait ressort de 3 expériences que nous avons faites sur nous-même. — Le 2 juin, à 5 heures du soir (6 heures après le repas) notre rapport azoturique était 87 ; à ce moment nous avons absorbé (assez difficilement, il est vrai), dans l'espace d'un quart d'heure un litre et demi d'eau. — Une demie heure après, l'urine analysée donnait un rapport azoturique de 91 ; le rapport était retombé à 87 à 7 heures. — Depuis nous avons répété deux fois cette expérience et nous sommes arrivé au même résultat. — L'eau ingérée en forte quantité augmente donc le rapport azoturique ; mais, comme nous le disions dès le commencement, si le rapport augmente, ce n'est pas que l'oxydation des albuminoïdes soit accrue par l'absorption de l'eau, du moins tel est notre avis.

Nous pensons qu'il est plus rationnel d'admettre que l'urée, dans ce cas, passe plus facilement dans le rein que l'acide urique et les autres produits azotés. Du reste il y a longtemps que les auteurs ont remarqué que l'ingestion de quantités abondantes de liquide augmentait l'urée et diminuait l'acide urique.

IV

Le rapport azoturique ne paraît pas être influencé par le régime. — Nous avons fait un grand nombre d'analyses sur notre urine et sur celles de trois hommes qu'on a soumis pendant trois jours au régime ordinaire d'hôpital et pendant trois jours au régime lacté exclusif; les aliments étaient absorbés en quantité suffisante, mais il n'y a pas eu excès ni dans un sens ni dans l'autre. — Nous donnons d'abord le résultat des trois hommes.

X., sergent, 27 ans; poids 70 kilos, régime ordinaire d'hôpital.

12 avril. — Urine des 24 heures.

Volume 2 litres 550.

Azote de l'urée 18 gr. 863,
Azote total   21 gr. 424, soit un rapport azoturique de 87.

Le 13 avril. — Urine des 24 heures.

Volume 1 litre 860.

Azote de l'urée 11 gr. 720,
Azote total   12 gr. 569, soit un rapport azoturique de 90.

Le 14 avril. — Urine des 24 heures.

Volume 2 litres 070.

Azote de l'urée 13 gr. 600,
Azote total   16 gr., soit un rapport azoturique de 85.

La moyenne des trois jours et pendant 24 heures est :

Volume 2 litres 160.

Azote de l'urée 14 gr. 717,
Azote total   16 gr. 664, soit un rapport azoturique de 88.

Le même homme a été soumis au régime lacté le 15 avril pendant trois jours. — Les urines analysées au point de vue du rapport azoturique ont donné :

Le 15 avril. — Urine des 24 heures :

Volume 3 litres 400.

Azote de l'urée 10 gr. 339,
Azote total   11 gr. 643, soit un rapport de 88.

Le 16 avril :

Volume 3 litres 500

Azote de l'urée 13 gr. 232,
Azote total   15 gr. 342, soit un rapport de 86.

Le 17 avril :

Volume 2 litres 600.

Azote de l'urée 9 gr. 972,
Azote total   11 gr. 397, soit un rapport de 87.

La moyenne des trois jours de régime lacté est :

Volume 3 litres 166.

Azote de l'urée 11 gr. 180,
Azote total   12 gr. 794, soit un rapport de 87.

Nous résumons ces résultats en comparant les moyennes.

RÉGIME ORDINAIRE	RÉGIME LACTÉ
Volume d'urine 2 litres 160.	Volume d'urine 3 litres 166.
Azote de l'urée 14 gr. 727.	Azote de l'urée 11 gr. 180.
Azote total 16 gr. 664.	Azote total 12 gr. 794.
Rapport azoturique 88.	Rapport azoturique 87.

Ces deux tableaux montrent : 1° que le régime lacté augmente la proportion d'urine (fait connu) ; 2° diminue l'urée (chez le sujet en expérience) ; 3° ne change pas le rapport azoturique (une unité en plus ou en moins ne peut-être considérée comme provenant du régime); 4° La périodicité dont nous avons déjà parlé est manifeste.

La diminution de l'urée par le régime mérite de nous arrêter un moment. En effet, M. Chibret (académie des sciences, séance du 31 mai 1887) a fait connaître que le régime lacté augmentait l'urée de 60 °/₀. — Nous nous permettons de contester les résultats de M. Chibret. — Cependant dans nos dernières expériences que nous allons donner, nous avons constaté, par le fait du régime lacté, une augmentation d'urée, mais qui n'arrive pas à 60 °/₀.

Deux soldats âgés de 23 ans et de poids variant de 65 à 75 kilos ont été soumis, en même temps que le sous-officier dont nous avons parlé, au régime ordinaire d'hôpital, pendant trois jours et au régime lacté aussi pendant trois jours consécutifs.

Nous résumons les moyennes des 24 heures de ces six jours d'expérimentation.

Pour l'un d'eux :

RÉGIME ORDINAIRE	RÉGIME LACTÉ
Volume d'urine 1 litre 310.	Volume d'urine 1 litre 287.
Azote de l'urée 9 gr. 865.	Azote de l'urée 10 gr. 987.
Azote total 10 gr. 699.	Azote total 11 gr. 850.
Rapport azoturique 92.	Rapport azoturique 92.

Pour l'autre nous avons obtenu :

RÉGIME ORDINAIRE	RÉGIME LACTÉ
Urine 1 litre 187.	Urine 1 lit. 205.
Azote de l'urée 9 gr. 991.	Azote de l'urée 10 gr. 316.
Azote total 10 gr. 950.	Azote total 11 gr. 458.
Rapport azoturique 90.	Rapport azoturique 90.

Comment expliquer ces faits contradictoires ? D'une part, le régime lacté diminue l'urée chez le sergent, d'autre part il l'augmente légèrement chez les deux soldats. Nous ne savons pas comment a expérimenté M. Chibret, mais ce que nous savons bien c'est que les trois hommes, à qui nous avons donné le régime lacté, ont été bien observés pendant les trois jours du régime ; que ces hommes n'ont pris que du lait et cependant l'un d'eux a vu son urée des 24 heures diminuer, les deux autres ont eu une légère augmentation qui ne va pas à 60 %, comme l'affirme M. Chibret. C'est que le régime lacté ne convient pas à tous les individus : les uns le supportent très bien, d'autres en souffrent ; il faut dans toute expérience faire la part des conditions physiologiques. Le sergent dont nous parlons dans nos expériences nous a dit que le régime lacté le fatiguait, ce qui expliquerait peut-être pourquoi l'urée a baissé, l'assimilation, chez lui, ayant été peu vive. Les deux autres hommes s'accommodaient parfaitement du régime; leur urée a augmenté mais légèrement.

En résumé, nous pensons que le régime lacté, pas plus que les autres régimes, n'augmente l'urée, si les régimes ne sont pas bien supportés. — Il y a là une question de plus ou moins grande assimilation, mais surtout (nous allons en parler dans un instant) une question de quantité.

Déjà nous pouvons faire remarquer en passant que dans les trois expériences ci-dessus, le sergent a un rapport azoturique plus faible que celui des deux hommes; or, le sergent est mieux nourri que le soldat. Ceci nous amène naturellement à examiner l'influence que peut avoir sur le rapport azoturique la quantité des aliments ingérés.

Disons auparavant que nous avons analysé notre urine en maintes circonstances après un régime carné, un régime mixte, un régime maigre, et que nous n'avons pas trouvé de changement notable dans notre rapport azoturique, les conditions extérieures (travail, marche, quantité d'aliments, etc.), étant restés à peu près les mêmes dans tous ces cas. Aussi nous croyons que le régime, quel qu'il soit, n'a aucune influence sur l'énergie comburante et la dénutrition des albuminoïdes.

V.

Le rapport azoturique est très influencé par l'abondance plus ou moins grande d'alimentation. — Nous entendons d'abord par abondance d'alimentation, la quantité d'aliments que l'animal absorbe en plus de celle qui lui est strictement nécessaire pour accomplir les actes vitaux, le travail intérieur et extérieur, en un mot pour maintenir le corps dans les mêmes conditions. — Un individu pesant 60 kilog. peut dépenser plus qu'un individu pesant 80 kilog. — Le premier mangera proportionnellement ou même effectivement plus que le second et cependant on ne pourra pas dire qu'il absorbe un excédant de nourriture, car il n'augmente pas de poids, il dépensera tout. — Si on veut, nous entendons par abondance de nourriture celle qu'absorbent les gros mangeurs. — Nous croyons qu'il est inutile de doser l'azote absorbé pour pouvoir affirmer que ces individus en absorbent trop. — Eh bien ! disons-le tout de suite, le gros mangeur a un rapport azoturique très bas se rapprochant de 80. — C'est que l'oxygène qui pénètre, sous l'influence de la circulation, dans la cellule varie peu en quantité ; les matières albuminoïdes à désassimiler augmentent au contraire. — Aussi, il y a beaucoup de matériaux désassimilés mais ils sont peu oxydés. — C'est dire que la dénutrition peut être très active, car nous avons dit, tout au commencement que cette activité était proportionnelle à la quantité d'albuminoïdes désassimilés ou, ce qui revient au même, à la quantité d'azote total de l'urine. Or les gros mangeurs ont généralement beaucoup d'azote de désassimilation, mais, chez eux, l'oxydation des albuminoïdes est faible, l'énergie comburante est peu élevée. — Au contraire, les individus modérément nourris, qui n'absorbent que juste la quantité d'aliments nécessaire pour l'accomplissement de leurs fonctions, ont un rapport très élevé ; ils brûlent jusqu'au bout leurs matériaux, chez eux l'oxydation est très forte, mais leur dénutrition peut être faible, plus faible, de beaucoup, que chez le gros mangeur ; autrement dit l'azote total de leur urine peut-être relativement peu élevé. Néanmoins, nous l'avons prouvé dès le commencement de ce travail, leur énergie comburante, avec peu d'activité désassimilatrice, équivaut à l'activité désassimilatrice très forte mais avec énergie comburante faible des gros mangeurs.

Tout ce que nous venons de dire n'est pas une simple vue de l'esprit, les résultats de nos analyses montrent qu'il en est ainsi: Et d'abord, si on veut bien se rapporter au chapitre où nous traitons de l'influence des régimes, on verra que le sergent mieux nourri que les deux hommes a un rapport plus faible qu'eux. Leur dénutrition est aussi plus faible, mais nous faisons remarquer que ces hommes tout en étant bien portants n'accomplissaient aucun travail et ne faisaient pas d'exercice. — De plus, chez les soldats qui n'ont à manger que leur gamelle, nous avons trouvé un rapport toujours supérieur à 90 et même quelquefois égal à 99 (rarement). Nous parlons bien entendu des hommes en activité, accomplissant un travail. — Au contraire, chez un sergent qui ne se contentait nullement des déjeûners de la cantine, qui mangeait grassement ce qu'il voulait et où il voulait, nous avons toujours trouvé un rapport de 82 ou se rapprochant beaucoup de ce chiffre. — Un jour ne pouvant dîner en ville, il s'était contenté du déjeûner de la cantine et n'avait pas mangé à sa faim. — Son rapport est passé immédiatement à 90.

Nous pouvons encore donner les résultats de plusieurs analyses d'urine d'un de nos amis, M. E. D., gros mangeur, s'il en fût, que nous voyons souvent à l'œuvre à table et qui est pour ainsi dire insatiable. — M. D. est bien portant, gros et gras; son rapport azoturique varie de 80 à 84, jamais au-dessus. Comparativement nous avons fait l'analyse de notre urine 7 heures après un repas fait en commun avec M. D. — Mais tandis que celui-ci a mangé beaucoup, suivant son habitude, nous nous sommes contenté de l'alimentation nécessaire; ce jour-là, M. D. avait 81 et nous 87. Cependant la quantité d'urée des 24 heures trouvée dans l'urine de M. D. et la nôtre a toujours été la même à peu de chose près. — Du reste, voici le résultat d'un jour:

Pour M. E. D.	POUR NOUS
Volume d'urine 1740.	Volume d'urine 1540.
Azote de l'urée 14 gr. 100.	Azote de l'urée 13 gr. 956.
Azote total 17 gr.	Azote total 15 gr. 700.
Rapport 82.	Rapport 88.

On voit que chez M. E. D., la quantité d'azote total est bien supérieure à la nôtre, c'est-à-dire que sa dénutrition a été plus élevée que la nôtre; mais aussi, chez nous, l'énergie comburante a été bien plus forte, car notre rapport est supérieur au sien. Il en résulte que nous avons fourni tous les deux à peu près le même nombre de calories.

Nous croyons avoir suffisamment prouvé qu'un individu a un rapport azoturique d'autant plus élevé que son alimentation est plus défectueuse. — Les soldats ayant généralement des rapport très élevés, on pourrait se demander si leur alimentation est suffisante. — Il est difficile de répondre d'une manière positive pour ceux qui ont un rapport égal à 99, c'est-à-dire extrêmement élevé; mais ceux qui ont un rapport de 90-92 doivent bien touver une alimentation suffisante, car il est à supposer qu'ils brûleraient plus intimement leurs matériaux s'ils n'avaient pas assez de calories. — Et puis il faut compter aussi avec la part de calories fournies par les composés ternaires que nous n'avons pas évaluées.

On peut aussi se poser la question suivante : Puisque le rapport azoturique augmente au fur et à mesure que la quantité d'aliments absorbés baisse, que se passe-t-il dès qu'on cesse toute alimentation? Si la biologie était passible des mathématiques, on pourrait affirmer que le rapport doit s'élever au maximum et égaler 100. — Malheureusement le problème est plus compliqué et il faut s'adresser à l'expérimentation. — Cette expérience nous manque absolument. M. le professeur Lepine a constaté, en 1880, que chez un chien à l'inanition le rapport baissait progressivement les premiers jours, parallèlement à la diminution de la dénutrition azotée. — Nous-mêmes avons vérifié ce fait. — Mais le chien en expérience n'accomplit aucun travail extérieur, il reste couché, de sorte qu'il est impossible de comparer ce cas aux résultats précédents obtenus sur des hommes bien portants, accomplissant un travail.

VI

Le travail musculaire a-t-il une influence sur le rapport azoturique, — Dans le but d'étudier l'action du travail musculaire sur la désassimilation des composés azotés, nous avons entrepris l'expérience suivante : Le dimanche 12 mai, nous sommes partis à 2 h. du matin avec deux camarades (D et C) pour gravir une montagne située dans le massif de la Grande-Chartreuse, appelée Mont Grand-Sûre, de 1.900 mètres d'altitude — A 3 h. nous étions au pied de la montagne et à 150 mètres environ du niveau de la mer. L'ascension a véritablement commencé à ce moment-là — à 8 h. du matin, nous étions à 100 mètres du sommet, nous avions par conséquent franchi une altitude de 1800 — 150 = 1650 mètres en cinq heures. — Le parcours avait été fait à jeun. — Nous avons prélevé dans cette expérience de l'urine du coucher du samedi 11 mai, de l'urine du lever à 2 heures du matin et de l'urine de l'arrivée à 8 heures du matin.

Voici par litre le résultat de ces analyses :

Urines du coucher (Minuit)

	(B)	(D)	(C)
Azote de l'urée.....	11 gr. 282	10 gr. 128	10 gr. 256
Azote total........ .	12 784	12 051	11 794
Rapport	88	84	87

Urines du lever (2 heures du matin)

	(B)	(D)	(C)
Azote de l'urée	12 gr. 051	11 gr. 025	10 gr.
Azote total..... ...	13 925	13 400	11 392
Rapport...........	86	82	87

Urines de l'arrivée (8 heures du matin) cinq heures d'ascension

	(B)	(D)	(C)
Azote de l'urée.....	10 gr. 886	6 gr. 329	6 gr. 329
Azote total........	12 405	7 900	8 104
Rapport...........	87	80	84

Le travail accompli par les ascensionnistes a été :

B. — Poids : 60 kil...   60 × 1,650 =   99,000 kilogrammètres.
D. —   80   80 × 1,650 = 132,000   —
G. —   75   75 × 1,650 = 123,750   —

Il faudrait peut-être ajouter aussi à ce travail extérieur le travail intérieur.

Quoiqu'il en soit, les tableaux précédents montrent qu'après un travail d'au moins 99,000 kilog. le rapport de B a augmenté simplement d'une unité et qu'après un travail plus fort les rapports de D et C ont diminué de deux et trois unités — Nous expliquons les résultats de la façon suivante : chez (B) le travail musculaire a élevé l'énergie comburante, ce qui *a priori* n'a rien d'étonnant.

Chez D et C le travail a dû se compliquer de fatigue musculaire et l'énergie comburante a diminué — Si notre explication était vraie, il faudrait donc conclure : 1° que dans le travail musculaire il y a augmentation d'énergie comburante des matières azotées, 2° que dans la fatigue musculaire, il y a diminution de cette énergie.

Nous terminons cet exposé par un aperçu des principaux résultats que divers auteurs ont obtenus dans les expériences qui avait pour but la recherche de la combustion des albuminoïdes pendant le travail musculaire.

Lehmann a constaté le premier que la proportion d'urée augmentait dans son urine après un exercice violent. M. Voit, en 1860, a expérimenté sur des chiens et a vu que le travail musculaire augmentait légèrement l'urée, mais pas en quantité suffisante pour rendre compte du travail musculaire par la combustion des albuminoïdes.

M. Ranke expérimentant sur lui-même est arrivé aux mêmes résultats. MM. Fich et Wislicenus ont fait l'ascension du Faulhorn par le sentier le plus raide et ont vu aussi que les calories fournies par les albuminoïdes étaient loin d'être suffisantes pour accomplir un travail donné. — Enfin plus récemment M. O. Kellner a constaté sur des chevaux que le travail musculaire donne lieu à une augmentation de la proportion d'urée, et par conséquent dans la consommation des matières azotées.

Tous ces travaux, on le voit, concluent à une augmentation légère d'urée.

VII

En 1880, M. Lépine expérimentant sur des chiens, à l'inanition, vit qu'une saignée augmentait l'excrétion de l'azote, comme Bauer l'a indiquée il y a longtemps ; de plus, si la saignée était forte, le rapport de l'azote de l'urée à l'azote total augmentait ; nous avons pu constater l'exactitude de ce fait chez un malade du service de M. Lépine, atteint d'un anévrisme de l'aorte. — Le 28 mai 1887 au soir, ce malade eut subitement une abondante hémorrhagie. — Ses urines nous ont donné les résultats suivants : par litre.

27 *Mai*. — Azote de l'urée....... 17 gr. 837
           Azote total............ 18   918
           Rapport : 94

28 *Mai*. — Azote de l'urée....... 20 gr. 268
           Azote total.......... 22   160
           Rapport : 91

On voit que notre malade avait un rapport très élevé le lendemain de l'hémorrhagie, puis son rapport a baissé — Donc une saignée élève l'énergie comburante des albuminoïdes.

VIII

Action des médicaments sur le rapport azoturique. —
1° *Action de l'eau oxygénée* — M. Lépine injectant sous
la peau d'un chien quelques cent. cubes d'eau oxygénée
vit que l'azote augmentait dans l'urine et en même
temps que la combustion des matériaux azotés devenait
plus complète.

2° *Action de l'antipyrine* — Un chien pesant ... k. a
été soumis à l'inanition. — L'urine de 24 heures a donné
les résultats suivants :


```
        Volume d'urine :  80 centimètres cubes
            Azote de l'urée......  2 gr. 101
            Azote total..........  2     866
                Rapport :  73,33
```

Après l'absorption de 1 gr. d'antipyrine nous avons
eu :

Deux heures après :

```
        Volume d'urine :  23 centimètres cubes
            Azote de l'urée......  0 gr. 302
            Azote total..........  0     438
                Rapport :  68,94
```

Dix heures après :

```
        Volume d'urine :  22 centimètres cubes
            Azote de l'urée......  0 gr. 320
            Azote total..........  0     419
                Rapport :  76,37
```

Vingt-quatre heures après :

> Volume d'urine :   55 centimètres cubes.
> Azote de l'urée ......   1 gr. 083
> Azote total..........   1   838
> Rapport :   58,9

Ce qui représente pour les 24 heures :

> Volume d'urine :   100 centimètres cubes
> Azote de l'urée......   1 gr. 705
> Azote total..........   2   695
> Rapport :   63

Cette expérience montre que l'antipyrine abaisse le rapport de l'azote de l'urée à l'azote total.

L'abaissement du rapport chez les fébricitants à qui on donne de l'antipyrine est encore plus manifeste.

Action du salol. — Le salol, autre médicament antipyrétique abaisse aussi le rapport. — Chez un malade du service de M. Lépine atteint de rhumatisme articulaire aigu nous avons eu les résultats suivants :

Avant tout traitement : par litre.

> Azote de l'urée.....   16 gr. 164
> Azote total..........   16   900
> Rapport :   95

Après traitement par 4 gr. de salol ;

> Azote de l'urée......   14 gr. 794
> Azote total..........   18   630
> Rapport :   78

Action de l'acétanilide. — L'acétanilide ne paraît pas avoir une action bien énergique sur le rapport de l'azote de l'urée à l'azote total.

D'après les expériences que M. le professeur Lépine a faites à ce sujet, l'acétanilide semblerait l'augmenter légèrement.

DEUXIÈME PARTIE

Etude du rapport azoturique dans les maladies fébriles.

Nous avons étudié le rapport de l'azote de l'urée à l'azote total dans les maladies fébriles aiguës : fièvre typhoïde, pneumonie, rhumatisme articulaire aigu et variole.

Nous donnons d'abord les observations des malades que nous avons étudiés, et qui sont tous entrés dans le service de M. Lépine, salle Ste-Elisabeth.

Fièvres typhoïdes

OBSERVATION I

G.. Laurent, 17 ans, maçon, né à Peyrelevale (Corrèze). Le 24 février éprouve de violents maux de tête, il est abattu et perd l'appétit. — Surviennent bientôt des douleurs au ventre, en même temps une céphalée très intense, puis des douleurs de reins et de la diarrhée. — Entré à l'Hôtel-Dieu le 1er février 1887, salle Ste-Elisabeth, dans le service de M. Lépine. — Les symptômes précédents persistent. — L'abdomen est peu tendu et douloureux seulement dans la fosse iliaque droite, gargouillement, pas de taches rosées. — Le malade tousse de temps en temps, expectoration muqueuse, quelques râles sonores et sibilants disséminés dans l'étendue des poumons, surtout à la base et en arrière. — Le 3 février, pas encore de taches rosées, diarrhée moins abondante, ventre plus ballonné, gargouillement plus marqué, pouls très dichrote. Le 4, persistance des symptômes précédents. — Le 5, le pouls n'est plus dichrote, râles ronflants et râles humides à la base droite — le 8 la diarrhée a disparu. — Le 13 le pouls s'accentue et est dichrote. — Même état jusqu'au 24 où la convalescence paraît devoir s'établir. — Le 9 mars le malade sort guéri. — Comme traitement on a administré de l'acétanilide et de l'antipyrine.

OBSERVATION II

Constant D..., domestique, 15 ans, entre le 13 février 1887, au huitième jour de sa maladie ; pas d'épistaxis, alité depuis huit jours, torpeur, abattement, faiblesse, pupilles dilatées, langue rouge fuligineuse, quintes de toux, plus tard à type laryngé, taches rosées, pouls rapide, albuminurie abondante. — Traité tout le temps par l'acétanilide sauf les 2e et 3e jours de son entrée où on a donné un peu d'antipyrine. — Très cyanosé d'abord puis à la fin simplement très pâle. — Diarrhée qui a été guérie par le salicylate de bismuth. Le 1er mars matité aux deux sommets, râles crépitants, respiration 60, mort par faiblesse et oppression.

A l'autopsie on ne constate presque pas de lésions intestinales, seulement deux ulcérations lenticulaires sur deux plaques de Peyer non saillantes dont une seule est injectée. — Le poumon droit présente une broncho-pneumonie très étendue à toue le lobe supérieur ; la même altération, beaucoup plus limitét existe au sommet gauche.

OBSERVATION III

Fièvre typhoïde, Ictère, hémorrhagie intestinale légère.

X , 19 ans, forgeur, entre le 27 avril, au 7e jour — pas de taches, douleurs abdominales peu intenses, urine non albumitteuse, plus tard très albumineuse et ictérique. — Le traitement par l'acétanilide est gêné par l'intolérance gastrique. — Bains froids sans action sur la température. — L'antipyrine en lave-ments donne de meilleurs résultats que les bains froids, puis on revient à l'acétanilide. — Persistance de la douleur abdominale, hémorrhagie intestinale légère. — Mort un peu imprévue.

A l'autopsie, poumons intacts, cœur pâle, foie très mou, beaucoup de bile reste dans la vésicule. — Enormes ulcérations dans les plaques de Peyer très tuméfiées.

Pneumonie

OBSERVATION IV

Pneumonie injectée. — Albuminurie intense

X., fumiste, 49 ans, d'Aurillac entre le 28 février, dit avoir eu l'an dernier une affection pulmonaire avec crachats rouillés ; pas d'alcoolisme. — Le 23 février, en sortant de table, frissons violents, crachats rouillés et visqueux ; il est entré à l'hôpital 3 jours plus tard, pouls 130 — matité des 2/3 inférieurs du poumon gauche, vibrations diminuées, souffle. — Injection d'antipyrine ainsi que le surlendemain. — Cinq à six jours après son entrée, élévation de la température qui d'ailleurs n'avait pas subi d'amé-lioration notable, expectoration purulente. — Mort.

Autopsie. — Poumon gauche atteint en entier, sauf le sommet, d'hépatisation dure et un peu ardoisée — un petit point hépatisé dans le poumon droit près du hile. — Cœur hypertrophié. Poids, 470 gr. — Rein brigtique.

OBSERVATION V

M... Jean, âgé de vingt ans, polisseur sur métaux. Le 19 avril au soir, point de côté, à gauche, sans frissons, oppression dans la nuit. — Commence à tousser le lendemain matin, crachats hémoptoïques. — Fièvre continue, entre à l'hôpital le 22 avril. —

Gros râles crépitants, souffle tubaire, fièvre très forte, pouls petit et très rapide. — Matité en arrière du poumon gauche, sonorité très diminuée dans toute l'étendue des poumons en arrière. — En avant respiration supplémentaire, sonorité exagérée; le 22, crachats rouillés, visqueux, abondants. — Respiration affaiblie dans la fosse sus épineuse. — Le 24, le malade est soulagé, la température s'abaisse, souffle tubaire très accentué, très gros râles. Le 26, disparition du souffle tubaire, chûte de la température.

OBSERVATION VI

Jean C..., 34 ans, maçon. — Le 12 mai, frisson violent et point de côté, fièvre vive, anorexie absolue — toux fréquente, agitation nocturne, entre à l'hôpital le 16 mai avec une fièvre vive et une dyspnée assez accusée ; au poumon droit diminution de la sonorité s'accompagnant d'une exagération des vibrations thoraciques. — Souffle bronchique au niveau de l'aisselle, rien du côté gauche. — Urines albumineuses. — Le 17 mai, moins de fièvre. — Le 18 mai, on lui donne de l'acétanilide, souffle tubaire. — Le 19, la température monte de nouveau, souffle tubaire plus étendu, pas de râle. — Le 21, persistance du souffle, les crachats sont plus fluides. — Le 22, le souffle s'est étendu au sommet. — Expectoration très abondante de crachats rouillés. — Le 23 mai, crachats purulents, diminution de l'intensité du souffle, pas de râles de retour. — Le 25, râles de retour.

OBSERVATION VII

Jean P..., 43 ans, forgeron. — Le 2 mai, frissons, point de côté, fièvre, anorexie. — Le 4, expectoration de crachats colorés — entre le 6 mai à l'hôpital. — Fièvre vive, matité dans la moitié inférieure du côté gauche, diminution des vibrations thoraciques, peu de souffle tubaire, égophonie assez nette, expectoration abondante de crachats jus de pruneaux, urines albumineuses. — 7 mai, souffle moins étendu, — 8 mai, au matin, le malade va très mal, il a déliré toute la nuit. — Expectoration rouillée très abondante, hoquet, souffle tubaire très fort à gauche, le soir le malade va un peu mieux. — Le 9, l'état s'améliore et le 24 mai il entre en convalescence.

OBSERVATION VIII

X., 36 ans, cuisinier. — Le 11 mai, frisson violent et point de côté, anorexie, dyspnée très accusée, respiration rapide, toux fréquente s'accompagnant d'une sensation douloureuse. — Fièvre vive, entre le 14 mai. — Homme très robuste. — Inspiration très obscure des deux côtés, les urines donnent un abondant précipité *d'acide urique* par l'acide nitrique. — Délire le 7 mai, plus calme le 18 au matin. — Râles sous-crépitants de retour le 20 mai. — Acétanilide le 15 mai au matin.

Rhumatisme articulaire aigu généralisé

OBSERVATION IX

Joseph Sch..., 34 ans. — A l'âge de 16 ans, première atteinte de rhumatisme articulaire aigu qui retient le malade au lit pendant plusieurs mois. — En 1876 et 1883 deux atteintes extrèmement légères et localisées à un, membre. — Le 1er mai 1887 surviennent des douleurs dans le bras gauche puis le bras droit, en même temps abattement, fièvre, anorexie. — A son entrée à l'hôpital, le 9 mai, il est en proie à une fièvre extrèmement vive (plus de 40°) Il souffre beaucoup des genoux, des pieds, de la main droite, gonflement au niveau des articulations. — Rien au cœur, rien aux poumons, rien au foie. — Comme traitement on lui donne successivement de l'acétanilide, de l'antipyrine, du salicylate de soude.

OBSERVATION X

Jules E..., 38 ans, concierge. — Couche dans un endroit humide depuis 3 ans. — Le 22 avril, étant resté dans un courant d'air, il est pris d'un frisson intense unique qui dure une heure. — En même temps céphalée frontale interne, point de côté, en avant et à gauche du thorax, qui disparaît dans la nuit — Fièvre très forte et angine. Le lendemain vives douleurs dans les jointures avec exacerbations passagères, pas de rougeurs, pas de gonflement des articulations. — Anorexie absolue. — Entre le 25 avril dans la salle Ste-Elisabeth. Dès son arrivée, apparition d'une éruption généralisée de taches rouges. — Jusqu'au 25 mai, il est en proie à une fièvre vive — il ressent des douleurs au niveau du poignet gauche, du genou gauche et du coup de pied des deux côtés — il y a très peu de tuméfaction, la pression est douloureuse, le malade ne peut étendre et plier les jambes. — Rien au cœur, rien au poumon. On lui donne de l'acétanilide, de l'antipyrine, du salol, du salicylate de soude.

Les urines des malades atteints de fièvre typhoïde dont nous avons donné l'observation nous ont toujours donné un rapport normal avant le traitement, normal encore par le traitement avec peu d'acétanilide, un peu inférieur à la normale quelquefois les jours de traitement par l'antipyrine.

Le malade de l'observation II a vu aussi son rapport baisser le jour où ont apparu des complications pulmonaires. — Nous donnons d'ailleurs les résultats obtenus :

Pour le malade de l'observation I :

PAR LITRE :

6 Février	Azote de l'urée.....	8 gr. 176
(trait[t] 1 gr. 50 d'acétanilide)	Azote total........	9 999
	Rapport : 89,95	

7 *Février*	Azote de l'urée.....	9 gr. 374
(acétanilide, 2 gr.)	Azote total........	9 685
	Rapport : 96,79	

8 *Février*	Azote de l'urée.....	5 gr. 231
(acétanilide, 3 gr.)	Azote total........	6 400
	Rapport : 81	

14 *Février*	Azote de l'urée.....	4 gr. 461
(acétanilide, 5 gr.)	Azote total........	5 538
	Rapport : 80,55	

1er *Mars*	Azote de l'urée	10 gr. 447
(pas de traitement)	Azote total........	12 957
	Rapport : 80,62	

Nous avons démontré dans la première partie de notre travail que le rapport normal variait de 80 à 99. — Dans aucun cas, notre malade de l'observation I n'a eu de rapport au-dessous de la normale. — Les chiffres ci-dessus sont bien exacts, car l'acétanilide en petite quantité ne modifie pas le rapport azoturique, à doses massives il l'abaisse un peu.

Pour le malade de l'observation II nous avons obtenu :

14 *Février*	Azote de l'urée.....	4 gr. 827
(avant tout traitement)	Azote total........	5 400
	Rapport : 89	

22 *Février*	Azote de l'urée.....	13 gr. 546
(acétanilide 3 gr. 50)	Azote total........	15 833
	Ràpport : 85,5	

23 *Février*	Azote de l'urée.....	6 gr. 895
	Azote total........	8 200
	Rapport : 84	

1er *Mars*	Azote de l'urée.....	10 gr. 459
	Azote total........	13 323
	Rapport : 85	

Une seule fois, le 1er mars, nous avons un rapport

inférieur au rapport normal. — Mais si on veut bien se rapporter à l'observation, on verra qu'on a trouvé ce jour-là de la matité aux deux sommets.

Nous n'avons malheureusement pas analysé les urines suivantes, ce qui nous aurait renseigné peut-être sur l'état du rapport, la veille de la mort.

Pour le malade de l'observation III, les résultats pendant le traitement par l'antipyrine ont été les suivants :

```
 6 Mai. — Azote de l'urée .....  18 gr. 378
           Azote total.........  20     540
                Rapport :  89

 7 Mai. — Azote de l'urée .....  16 gr. 456
           Azote total........  20     800
                Rapport :  79

 8 Mai. — Azote de l'urée.....  15 gr. 674
           Azote total........  18     037
                Rapport :  86

 9 Mai. — Azote de l'urée.....  16 gr. 000
           Azote total........  19     188
                Rapport :  83
12 Mai. — Azote de l'urée.....  11 gr. 080
           Azote total...... .  12     971
                Rapport :  85
```

L'antipyrine, nous l'avons démontré, abaisse toujours le rapport de l'azote de l'urée à l'azote total, et cependant, on le voit, chez le malade de l'observation III le rapport reste toujours normal, malgré l'antipyrine. — Dès lors, il faut bien conclure que dans les fièvres typhoïdes étudiées par nous, les oxydations des albuminoïdes sont au moins égales à celles de l'état de santé. — Nous ne pouvons dire si ces oxydations sont plus fortes. — M. Albert Robin *Société de Biologie*, séance du 11 décembre 1886), pose les trois principes suivants :

« 1° L'élévation de la température fébrile ne dépend pas d'une augmentation des oxydations organiques.

2° Pendant la fièvre, il y a rétention dans l'organisme des déchets peu solubles, difficilement éliminables, habituellement toxiques.

3° La désintégration organique est très augmentée pendant la fièvre et comme conséquence de ces trois principes :

« 1° Les oxydations dans la fièvre typhoïde sont amoindries.

2° Toutes proportions gardées, la part qui revient à ces oxydations dans la calorification fébrile doit être réduite d'une manière proportionnelle. »

Nous croyons avec M. Robin que la désintégration organique est très augmentée pendant la fièvre. — En effet, la quantité d'azote total qui mesure cette désintégration paraît augmentée. Mais nous ne sommes pas d'accord avec lui lorsqu'il dit que les oxydations dans la fièvre typhoïde sont amoindries pour les trois cas que nous avons étudiés. — En effet, pour prouver sa proposition, M. Robin dit (*Société de Biologie*, séance du 22 janvier 1887) :

« Si les oxydations étaient augmentées ou même normales dans la fièvre typhoïde, la majeure partie de l'azote désintégré devrait être éliminée dans l'urine sous forme d'oxydation organique la plus parfaite, c'est-à-dire sous forme d'urée et l'on ne devrait retrouver qu'une très faible proportion de cet azote éliminé soit sous une forme d'oxydation incomplète, soit par un autre procédé que l'oxydation.

Normalement, 85 0/0 de l'azote désintégré sont éliminés sous forme d'urée et 15 0/0 sous forme de divers extractifs. — Dans la fièvre typhoïde, au contraire, la proportion d'azote excrété sous forme d'urée tombe à 75 et même 72 0/0. »

Comme nous l'avons montré chez nos malades, sauf le cas où la fièvre s'accompagne de complications pulmonaires, le rapport de l'azote de l'urée à l'azote total n'est pas de 75, comme le dit M. Robin, mais normal. — Aussi, pour nous, dans les cas étudiés ci-dessus, les oxydations sont au moins ce qu'elles sont à l'état de santé.

La chose est très importante à savoir, car les résultats de M. Robin l'ont amené à instituer un traitement oxydant. — Pour compléter sa théorie de la diminution des oxydations dans la fièvre typhoïde, M. Robin donne des statistiques de malades traités de cette façon, où il montre de très beaux résultats. — Nous croyons qu'au point de vue de la statistique, les divers traitements par les antipyritiques qui, cependant, diminuent les oxydations, puisqu'ils abaissent le rapport de l'azote de l'urée à l'azote total, pourraient bien être comparés peut-être avec avantage au traitement oxydant de M. Robin.

D'ailleurs nous n'affirmons rien. Les résultats que nous venons de présenter se rapportent à trois malades seulement. Il se peut que l'abaissement du rapport constaté par M. Robin dans la fièvre typhoïde soit bien réel et que nous ayons eu affaire à trois cas exceptionnels.

Pneumonie

Nous allons donner les résultats des analyses que nous avons faites sur les urines des malades atteints de pneumonie. — Chez le malade de l'observation IV nous avons obtenu :

26 Février (avant tout traitement)	Azote de l'urée.....	7 gr.	187
	Azote total.........	11	186
	Rapport : 64,24		
27 Février (après absorption de 4 gr. d'antipyrine)	Azote de l'urée.....	7 gr.	752
	Azote total.........	13	735
	Rapport : 56,43		
28 Février (pas de traitement)	Azote de l'urée.....	8 gr.	180
	Azote total...	12	509
	Rapport : 65,39		
1er Mars (antipyrine, 4 gr.)	Azote de l'urée.....	7 gr.	459
	Azote total.........	11	937
	Rapport : 62,49		
2 Mars (pas de traitement)	Azote de l'urée.....	8 gr.	955
	Azote total.........	12	188
	Rapport : 73,47		
3 Mars (pas de traitement)	Azote de l'urée.....	9 gr.	714
	Azote total.........	10	735
	Rapport : 90,47		
4 Mars	Azote de l'urée	11 gr.	176
	Azote total.........	17	390
	Rapport : 64,27		
6 Mars	Azote de l'urée	7 gr.	245
	Azote total.........	9	274
	Rapport : 78,12		
10 Mars	Azote de l'urée......	5 gr.	292
	Azote total.........	5	988
	Rapport : 88,38		
11 Mars	Azote de l'urée.....	5 gr.	292
	Azote total.........	5	796
	Rapport : 91,30		
12 Mars	Azote de l'urée......	7 gr.	055
	Azote total.........	9	705
	Rapport : 72		

Nous tenons à faire observer d'abord que chez ce

malade qui a eu une pneumonie très grave, le rapport de l'azote de l'urée à l'azote total était bien inférieur à la normale *dès son entrée et avant tout traitement.* — Puis le traitement par l'antipyrine a semblé améliorer son état. — A ce moment, le rapport azoturique s'élève progressivement et arrive même à 90, puis un jour ou deux avant sa mort, le rapport descend au-dessous de la normale.

Pour le malade de l'observation V, qui est entré à l'hôpital la veille du jour de la défervescence, c'est-à-dire guéri pour ainsi dire, nous avons eu :

23 Avril. — Azote de l'urée . ... 11 gr. 337
          Azote total......... 13   150
            Rapport : 86

24 Avril. — Azote de l'urée..... 13 gr. 512
          Azote total........ 15   238
            Rapport : 88

25 Avril. — Azote de l'urée..... 14 gr. 794
          Azote total........ 16   985
            Rapport : 87

26 Avril. — Azote de l'urée..... 18 gr. 630
          Azote total........ 21   369
            Rapport : 87

Chez ce malade, le rapport azoturique est toujours resté normal.

Le malade de l'observation VI nous a donné :

17 Mai. — Azote de l'urée..... 8 gr. 378
         Azote total........ 8   648
           Rapport : 96

18 Mai. — Azote de l'urée..... 10 gr. 000
         Azote total........ 11   350
           Rapport : 87

19 Mai. — Azote de l'urée..... 13 gr. 243
           Azote total........ 15   135
              Rapport : 87

21 Mai. — Azote de l'urée..... 12 gr. 701
           Azote total........ 14   593
              Rapport : 87

Nous faisons remarquer en passant que ce malade n'a jamais eu aucun phénomène d'asphyxie. — Son rapport azoturique est toujours resté normal.

Pour le malade de l'observation VII nous n'avons malheureusement que trois analyses à partir du 9 mai, et c'est justement à partir de ce jour que son état s'est amélioré.

9 Mai. — Azote de l'urée..... 14 gr. 324
           Azote total........ 16   486
              Rapport : 86

10 Mai. — Azote de l'urée..... 17 gr. 027
           Azote total........ 20   810
              Rapport : 81

11 Maï. — Azote de l'urée..... 15 gr. 945
           Azote total........ 20   000
              Rapport : 79

Les résultats obtenus sur le malade de l'observation VIII sont plus intéressants, car nous avons le rapport azoturique dès l'entrée du malade, avant son traitement.

14 Mai. — Azote de l'urée..... 9 gr. 452
           Azote total........ 12   236
              Rapport : 76

15 Mai. — Azote de l'urée..... 13 gr. 783
           Azote total........ 17   567
              Rapport : 78

16 Mai. — Azote de l'urée..... 11 gr. 079
           Azote total........ 15   135
              Rapport : 73

Le 19 mai, son rapport redevient normal.

Si on veut bien se rapporter à l'observation, on verra que chez notre malade la respiration était très obscure des deux côtés, la dyspnée très intense. — Les urines donnaient avec l'acide azotique un abondant précipité d'acide urique.

Nous croyons pouvoir conclure de ces résultats que dans la pneumonie comme dans la fièvre typhoïde, les oxydations sont au moins ce qu'elles sont à l'état de santé. — M. Albert Robin trouve pour la pneumonie un rapport égal à 90 et ajoute : « J'ai trouvé dans la pneumonie une remarquable augmentation des oxydations. » Pour nous cette augmentation n'est pas si nette, chez nos malades, puisque nous avons démontré que, à l'état normal, le rapport varie de 80 à 99. Nous nous contentons de dire qu'elle est normale et encore nous ajoutons : Si la pneumonie se complique d'asphyxie, le rapport baisse beaucoup, l'oxygène n'arrivant pas dans les éléments cellulaires en suffisante quantité.

Rhumatisme articulaire aigu.

Le malade de l'observation IX nous a donné les résultats suivants :

10 Mai	Azote de l'urée.....	12 gr. 702
(avant tout traitement)	Azote total.........	14 594
	Rapport : 87	
11 Mai	Azote de l'urée.....	15 gr. 134
(acétanilide, 4 gr.)	Azote total.........	16 755
	Rapport : 90	

12 Mai	Azote de l'urée..... 14 gr. 323
(acétanilide, 3 gr.)	Azote total......... 15 792
	Rapport : 90

En résumé, chez ce malade, les oxydations n'ont pas été diminuées.

Pour le malade de l'observation X nous avons eu :

27 Avril	Azote de l'urée ..... 16 gr. 712
(acétanilide, 4 gr.)	Azote total :........ 20 273
	Rapport : 82

28 Avril	Azote de l'urée ..... 16 gr. 164
(antipyrine, 6 gr.)	Azote total........ 18 630
	Rapport : 86

29 Avril	Azote de l'urée ..... 14 gr. 794
(salol, 4 gr.)	Azote total 18 630
	Rapport : 78

30 Avril	Azote de l'urée ..... 13 gr. 972
	Azote total 16 438
	Rapport : 84

Chez ce malade aussi, les oxydations sont restées ce qu'elles sont à l'état normal.

Nous terminerons cet aperçu sur les maladies fébriles en disant que chez un entrant, atteint de variole et qu'on a été obligé d'évacuer immédiatement par mesures prophylactiques, nous avons trouvé le rapport de l'azote de l'urée à l'azote total égal à 99. Les oxydations étaient poussées à leur extrême limite.

En résumé, si toutes les maladies fébriles se comportent comme les fièvres typhoïdes, les pneumonies, les rhumatismes articulaires aigus, la variole, que nous avons examinés, on peut dire que dans la fièvre les oxydations sont au moins égales à celles qui se passent à l'état de santé. — N'oublions pas d'ailleurs que la désintégration peut-être plus forte qu'à l'état normal ; la quantité d'azote total ou même d'urée (puisque le rapport est normal) peut renseigner à ce sujet. — Il a été démontré, du reste, que dans la pneumonie cette désintégration est plus forte.

Citons, en terminant, ce que M. le professeur Lépine dit sur la fièvre (*Mémoires de la Société de Biologie*, 1880): « Chez les fébricitants, bien que les déchets azotés soient augmentés, le rapport de l'azote de l'urée à l'azote total augmente, soit que l'énergie comburante se trouve accrue par la fièvre, soit que les matériaux moins oxydés éprouvent une rétention temporaire et ne soient excrétés qu'au moment de la crise. »

CONCLUSIONS

I

1° Le rapport entre l'azote de l'urée et l'azote total ou *rapport azoturique* varie chez les individus sains de 80 à 99 ; en aucun cas il n'arrive à 100 ; 87 est le chiffre le plus souvent obtenu.

2° Il est variable chez un même individu dans une même journée.

3° Le rapport de deux jours consécutifs n'est pas le même, mais le rapport du troisième et du premier, celui du second et du quatrième sont presque identiques. Nous vivons, comme M. Lépine l'a déjà démontré sur un type tierce.

4° La quantité d'aliments influe sur le rapport qui s'abaisse (sans toutefois dépasser 80) d'autant plus que l'individu se nourrit davantage. — Le soldat dont l'alimentation est juste suffisante, a un rapport supérieur à 90. — Il brûle ses matériaux jusqu'au bout.

5° L'ingestion d'une forte quantité d'eau augmente le rapport, probablement en favorisant spécialement le passage de l'urée dans l'urine.

6° La nature des aliments (végétaux, viande, lait) n'a

pas d'influence sur le rapport qui est seulement influencé par la quantité.

7° A l'inanition (chien) le rapport baisse, mais fort peu, au moins au début.

8° Le travail musculaire augmente légèrement l'énergie comburante tant qu'on ne le pousse pas jusqu'à la fatigue, auquel cas il fait baisser le rapport et par suite l'énergie.

9° Les médicaments antipyrétiques, par exemple : l'antipyrine et le salol, diminuent le rapport en question. — Il faut noter cependant que l'action de l'acétanilide, peu sensible d'ailleurs, semble l'augmenter légèrement.

Dans l'état de maladie. 1° Chez les malades atteints de fièvre typhoïde que nous avons examinés, la fièvre n'a jamais abaissé le rapport de l'azote de l'urée à l'azote total, sauf les cas où il y a eu des complications pulmonaires ; par suite, chez eux, l'oxydation des albuminoïdes n'a pas diminué ;

2° Il en est de même pour nos malades atteints de pneumonie, au nombre de cinq, et pour ceux atteints de rhumatisme articulaire aigu ;

3° La variole semble accélérer les combustions.

Procédés opératoires pour la détermination de l'Azote de l'Urée et de l'Azote total d'une Urine.

Dosage de l'Urée dans l'Urine.

La clinique réclame constamment la connaissance de l'urée excrétée par les reins dans les 24 heures. — Aussi a-t-on été conduit à imaginer des procédés et des appareils donnant un dosage exact et rapide de cette substance. La rapidité a été obtenue, mais on n'a pu que se rapprocher plus ou moins de l'exactitude. On peut dire cependant, qu'en suivant pas à pas les détails et les règles fixés par bon nombre d'auteurs compétents, on se rapproche bien de la réalité. Ayant eu à faire, pour notre travail beaucoup de dosages d'urée, nous avons pu nous convaincre en effet de la nécessité absolue de ne négliger aucun détail ; à ce prix seulement, on obtient des résultats comparables.

Nous ne décrirons pas les différentes méthodes qu'on peut employer pour le dosage de l'urée dans une urine ; les traités spéciaux donnent tous les renseignements nécessaires. Cependant nous donnerons un tableau des principaux ; et nous parlerons rapidement de ceux qui nous paraissent très utiles.

Nous divisons tout d'abord les différentes méthodes de dosage en deux catégories : Dans la première catégorie, nous plaçons les procédés aux moyens desquels on a l'urée par des pesées ; la deuxième catégorie comprend les procédés volumétriques :

MÉTHODES PONDÉRALES.

1º *Procédés Millon et Boymond.*—Basés sur la décomposition de l'urée en azote, acide carbonique et eau par le réactif Millon (azotate azoteux de mercure). — Millon absorbe l'acide carbonique produit, par de la potasse sèche, et multiplie par le coefficient 1,365 le poids de l'acide carbonique trouvé.

Boymond dose à la fois le poids d'azote et d'acide carbonique et multiplie ce poids par le coefficient 0.8333 ;

2° *Procédé Bunsen.* — Basé sur la transformation de l'urée en carbonate d'ammoniaque sous l'iufluence d'une température de 240° pendant deux heures et en vase clos. Le carbonate d'ammoniaque fourni est transformé en carbonate de baryte que l'on sèche et que l'on pèse. — On multiplie le poids trouvé par le coefficient 0,4666.

Méthodes volumétriques.

1° *Procédés Grehant et Bouchard.* — Basés sur la décomposition de l'urée par le réactif Millon. — Gréhant recueille la totalité des gaz provenant de la décomposition, au moyen de la pompe à mercure d'Alvergnat. — Bouchard opère la décomposition dans un tube gradué, absorbe l'acide carbonique par la potasse et lit le volume d'azote ; c'est un procédé rapide ;

2° *Procédé Hougounenq.* — C'est une modification du procédé Bunsen. On transforme l'urée en carbonate d'ammoniaque en chauffant l'urine pendant une demi-heure à 180° et en vase clos, après décoloration et neutralisation par le noir animal ; puis on dose le carbonate d'ammoniaque formé, alcalimétriquement ;

3° *Procédé Liébig.* — Basé sur la précipitation de l'urée par l'azotate mercurique, est très employé en Angleterre et en Allemagné. Il donne des résultats incertains ;

4° *Uréomètres Yvon, Magnier de la Source, de Thierry, Méhu, Noël, Esbach,* etc. — Basés sur la décomposition de l'urée par l'hypobromite de soude.

De tous ces procédés, celui de Millon est peu employé : il exige des opérations très délicates et n'est pas à la portée de tout le monde. On se sert fort peu aussi de l'appareil Boymond.

Le procédé Bunsen donne, suivant nous, des résultats très exacts et nous croyons que c'est à lui qu'il faut avoir recours lorsqu'on se propose d'obtenir le poids absolu d'urée dans une urine ; on chauffera seulement à 180° pendant une demi-heure, puisque ces conditions ont été reconnues suffisantes pour opérer la transformation complète de l'urée en carbonate d'ammoniaque.

Ce procédé, nous l'avons déjà dit, a été modifié par M. Hougounenq, qui opère de la façon suivante : On agite pendant cinq minutes un mélange d'urine à analyser et de noir animal du commerce ; le liquide doit passer neutre et incolore. Un volume connu de ce liquide est chauffé une demi-heure à 180° en vase clos, avec son volume d'eau. Le carbonate d'ammoniaque est dosé avec une liqueur titrée acide en se servant comme réactif indicateur de la phtaleïne du phénol ou de l'orangé Poirrier n° 3. C'est en vain que nous avons essayé de décolorer avec du noir excellent des urines fébriles, tout en suivant cependant les précautions qui nous ont été indiquées par l'auteur lui-même. Nous croyons donc que pour les urines très colorées, il faut abandonner ce procédé.

Le procédé Bouchard est commode et très ingénieux : On prend un tube gradué et fermé à une extrémité; dans le fond du tube on verse 4 à 5 centimètres cubes de réactif Millon. (Pour préparer ce réactif, on dissout 125 grammes de mercure dans 170 grammes d'acide azotique pur et concentré en chauffant modérément; on mesure le volume du liquide obtenu; on ajoute un égal volume d'eau distillée et on filtre); puis on ajoute 6 à 8 centimètres cubes de chloroforme, 2 cent. cubes d'urine et on achève de remplir avec de l'eau. L'urine est séparée du réactif par le chloroforme. On bouche avec le doigt l'extrémité ouverte et on agite, la réaction se fait. On plonge le tube renversé et l'extrémité ouverte dans un vase plein d'eau et on agite pour remplacer par de l'eau le contenu du tube. On introduit enfin un fragment de potasse pour absorber l'acide carbonique de la réaction, on ferme, on agite et on plonge de nouveau dans l'eau. On lit le volume d'azote.

En France, M. Leconte a recommandé l'emploi de l'hypochlorite de soude pour le dosage de l'urée. — Sous l'influence de ce réactif, l'urée se décompose en volumes égaux d'azote et d'acide carbonique; l'acide carbonique est absorbé par un excès d'alcali du réactif et on lit le volume d'azote. Mais, M. W. Knop ayant démontré qu'en substituant à l'hypochlorite, l'hypobromite de soude on obtenait plus rapidement le dosage de l'urée, MM. Hüfner et Yvon imaginèrent des appareils basés sur la décomposition de l'urée par ce dernier réactif. Après eux, beaucoup d'auteurs imaginèrent d'autres appareils basés tous sur le même principe. — Ces appareils ne diffèrent que par des questions de détail et par de nouvelles formules de préparation du réactif.

C'est le procédé Yvon qui nous a servi dans nos dosages d'urée les ouvrages spéciaux le décrivent assez longuement.

Nous donnerons seulement ici quelques considérations sur la décomposition de l'urée par l'hypobromite dans une urine, afin de tirer de ces faits, des règles de dosage.

DOSAGE DE L'URÉE PAR L'HYPOBROMITE DE SOUDE. — CAUSES D'ERREUR.

En 1858 M. Leconte constatait que l'hypochlorite de soude ne dégage à chaud que les 34/37 d'azote indiqué par la théorie,

M. Hüfner, en 1870, trouva qu'à froid, l'hypobromite de soude se comportait comme le réactif Leconte à chaud ; mais à 60 ou 70° on avait tout l'azote. D'autre part, M. Méhu, en 1879, ayant remarqué que les urines diabétiques donnaient un rendement d'azote plus complet que les urines non chargées de glucose, fit des expériences qui lui démontrèrent que pour obtenir avec l'hypobromite de soude, et à froid, tout l'azote de l'urée, il fallait ajouter du sucre aux urines non diabétiques.

Ainsi donc, l'hypobromite de soude agissant sur l'urée pure, ne dégage tout l'azote de cette urée qu'à 70°, ou à froid en présence du sucre. — Ceci s'applique évidemment à l'urée contenue dans une urine ; mais ici s'ajoutent de nouvelles considérations :

Et d'abord l'hypobromite de soude a une certaine action sur les matières azotées de l'urine autre que l'urée. Ainsi MM. Knof et Wolff ont obtenu de l'acide urique un tiers de son azote, en faisant agir sur lui l'hypobromite de soude. En 1870, M. Hüfner obtint la moitié de l'azote de l'acide urique en laissant longtemps le réactif en contact. M. Magnier de la Source constate le même fait et même dit avoir obtenu tout l'azote sous l'influence d'une température élevée.

D'après Hüfner, la créatine cède les 2/3 de son azote à l'hypobromite. L'acide hippurique n'est pas attaqué par le réactif ; de meme la leucine, le glycocolle, l'acide amido-benzoïque, la tyrosine, la taurine. Il en est encore de même pour la benzamide, la salicylamide, l'acétanilide, l'aniline, la conicine, l'éthylamine, la nicotine, l'asparagine, le sulfate de quinine, la morphine, la strychnine.

Le réactif agit très lentement sur les matières albumineuses. La présence de celles-ci ne trouble donc pas le rendement de l'azote (nous avons cependant l'habitude de nous en débarrasser). Elles ont toutefois l'inconvénient de donner avec le réactif une mousse très persistante qui gène la lecture du volume gazeux et la rend même impossible. Aussi, il faut user d'artifices pour faire disparaître cette mousse. A cet effet, M. Méhu vient de recommander tout récemment l'addition au mélange d'urine et de réactif d'une pilule de suif.

En résumé, en faisant agir sur un volume déterminé d'urine une certaine quantité d'hypobromite de soude, à froid, on obtient seulement les 34/37 de l'azote de l'urée, mais on a enplus une petite quantité d'azote provenant de certains produits azotés autres que l'urée. M. Leconte estimait à 5, 4 °/₀ et M. Yvon à 4, 5 °/₀ le volume de l'azote provenant de ces produits. Ces nombres supposent constant le rapport du poids de l'urée et de ces matières azotées ; or, nous avons démontré dans la première partie de ce travail, qu'il n'en est rien. — On n'est pas absolument certain du coefficient de la correction.

Toutefois, nous pouvons presque dire que l'azote de l'urée dégagé en moins est compensé par l'azote qui provient de l'acide urique, de la créatinine et de quelques autres substances azotées que renferme l'urine. — La perte d'azote est en effet de 7 à 8 % du volume théorique; le gain de 5 %.

Il existe encore une autre cause d'erreur : Nous ne connaissons pas la solubilité de l'azote dans un mélange d'eau et de réactif hypobromite, mais l'expérience démontre que cette solubilité existe et n'est pas négligeable. Il résulte de cette remarque qu'il faut, pour avoir des résultats absolument comparables, opérer dans des milieux constants ; qu'il faut toujours étendre l'urine à analyser de la même quantité d'eau, ajouter toujours le même volume d'un réactif, invariable comme composition.

Enfin, il est absolument nécessaire d'agiter les mélanges d'urine et de réactif un certain nombre de fois, car nous avons remarqué que si on n'agite pas, il arrive un moment où la réaction paraît terminée et cependant elle ne l'est pas.

Pour éviter les corrections de pression et de température il faut à la fin d'une expérience déterminer le volume d'azote dégagé par un poids donné d'urée dans les mêmes conditions. Dans nos analyses qui avaient pour but le dosage de l'azote de l'urée d'une urine, nous nous sommes servi d'une solution de sulfate d'ammoniaque contenant 18 grammes 856 de ce sel par litre (2 cc. 5 de cette solution contiennent exactement 0 gr. 01 d'azote). Comme réactif, nous avons choisi la formule Méhu :

Solution caustique de soude (lessive des
    savonniers) D = 1.33) . . . . 100 cc.
Eau distillée . . . . 100 —
Brome . . . . 10 —

(Ce réactif ne doit pas avoir plus de 15 jours de préparation.)

L'uréomètre Yvon donne d'excellents résultats. — Il faut reconnaître cependant qu'il ne permet d'opérer que sur une petite quantité d'urine ; aussi une petite erreur commise dans la lecture du volume gazeux se multiplie énormément. A ce point de vue les appareils Noël, Magnier de la Source, de Thierry sont préférables puisqu'ils permettent d'opérer sur des quantités assez fortes d'urine. — Nous ne décrirons pas ces uréomètres pas plus que celui d'Esbach; on les touvera dans tous les traités spéciaux. —

Disons, en passant, néanmoins, que la méthode Esbach, trop simplifiée, donne des résultats peu dignes de confiance.

L'azote de l'urée étant connu, il faut déterminer l'azote total de l'urine pour avoir son rapport azoturique.

Dosage de l'azote total d'une urine.

Un procédé assez employé, mais d'une exécution fort délicate (Seegen-Schneider), consiste à décomposer, au bain de sable, un volume connu d'urine (5 cc.) avec un excès de chaux sodée; les matières azotées se transforment en ammoniaque. L'opération se fait dans un ballon muni d'un tube vertical effilé supérieurement et d'un tube de dégagement qui communique avec un tube à boulets contenant de l'acide sulfurique titré.

M. Garnier vient de démontrer tout récemment (*Journal de Pharmacie et de Chimie*, juin 1887) que ce procédé donne des résultats inférieurs à la réalité, ce qui peut tenir à la combustion d'une partie de l'ammoniaque au contact de l'air qui reste dans le matras, mais surtout à la difficulté de porter au rouge tout le contenu du ballon.

On pourrait plus exactement introduire dans un tube à combustion ordinaire le mélange intime de la chaux sodée avec le produit de l'évaporation des 5cc d'urine sur 10 gr. de plâtre contenant 0 gr. 5 d'acide oxalique destiné à fixer l'ammoniaque qui peut se dégager pendant la dessication (Wasteburne). Il faut avouer que ces procédés sont bien délicats.

Une méthode vraiment heureuse fut imaginée en 1882, par Kjeldahl. Elle est basée sur la transformation des composés organiques azotés de l'urine par l'acide sulfurique concentré, en sulfate d'ammoniaque; l'ammoniaque est déplacé par un alcali et absorbé par une liqueur titrée d'acide sulfurique.

M. Henninger modifia ce procédé et le rendit très pratique en même temps que très juste.

Nous allons décrire la méthode Henninger avec tous les détails qu'elle comporte.

PROCÉDÉ DE DOSAGE DE L'AZOTE TOTAL DE L'URINE,
PAR HENNINGER.

« 20 cc d'urine (10 cc. si elle est concentrée) sont évaporés avec 5 cent. cubes d'acide sulfurique concentré dans une fiole en verre résistant (verre à base de potasse). Le résidu noir est ensuite graduellement chauffé à feu nu jusque vers le point d'ébullition de l'acide sulfurique; il se dégage du gaz sulfureux et de l'acide carbonique, la masse devient de moins en moins foncée et finalement elle ne conserve qu'une teinte ambrée. Il suffit de une heure

5

et demie à deux heures pour atteindre le résultat. On transvase alors le liquide dans une fiole jaugée de 50 cent. cubes en s'aidant de petites quantités d'eau, on le sursature par de la soude qu'on a soin d'ajouter peu à peu et en refroidissant pour éviter une perte d'ammoniaque ; finalement, on parfait avec de l'eau le volume de 50 cent. cubes. On dose l'ammoniaque dans ce liquide au moyen de l'hypobromite de soude et en se servant d'un uréomètre quelconque.

A cet effet, on prélève 10 cent. cubes de liquide alcalin, ce qui correspond à 4 ou 2 cent. cubes d'urine primitive, — on les introduit dans un uréomètre et on les traite par l'hypobromite. — La quantité de liquide ammoniacal permet d'ailleurs de faire plusieurs déterminations de contrôle.

Du volume de l'azote dégagé, on déduit son poids en décomposant dans le même appareil par l'hypobromite, une quantité connue de sulfate d'ammoniaque (5cc. d'une solution à 18 gr. 856 par litre contenant exactement 0 gr. 02 d'azote) et de mesurer le volume d'azote dégagé. Une simple proportion donnera le poids de l'azote contenu dans 4 cent. cubes ou 2cc. d'urine. »

Nous devons avertir ceux qui voudraient suivre à la lettre le procédé Henninger que tout ne se passe pas comme le dit l'auteur:

1° Il faut plus de deux heures pour terminer le dosage — Pour notre part nous avons fait au moins trois cents de ces opérations et il nous a fallu chauffer en moyenne pendant 5 à 6 heures.

2° Si on sature comme le veut Henninger la solution de sulfate d'ammoniaque obtenue, au moyen de la soude, on perd beaucoup d'ammoniaque en versant l'alcali, même en refroidissant le vase où se fait l'opération, même aussi en se servant d'une solution de soude très diluée.

De plus, quand on se rapproche du point de saturation, le sulfate de soude, produit de la réaction, se précipite en masse. Aussi voici comment nous opérons :

10 cc. d'urine sont additionnés de 5 cc. d'acide sulfurique pur, le tout est chauffé au bain de sable dans de petits vases coniques en verre de bohême — Tout d'abord on chauffe fort peu, 80° à peine, jusqu'à ce que l'eau du mélange ait complètement disparu ; puis on adapte aux vases de tout petits entonnoirs et on augmente la température progressivement, sans arriver cependant à un dégagement de fumées blanchâtres. La chaleur étant bien réglée on n'a pas à se préoccuper de l'opération qui n'exige aucune surveillance.

Au bout de cinq à six heures la transformation est terminée, le liquide est blanc, légèrement jaunâtre. On laisse refroidir, puis on fait 50 cc de liquide, lavant avec précautions les vases avec de l'eau distillée : le mélange s'échauffe ; mais on attend qu'il ait pris la température ambiante pour l'introduire dans l'uréomètre. Nous opérons avec l'uréomètre Yvon sur 2cc 5 de ce liquide le plus souvent.

On fait donc passer 2 cc. 5 de la liqueur ammoniacale dans la partie inférieure de l'uréomètre, on lave la partie supérieure avec 2 cc. d'eau distillée que l'on réunit à la liqueur ; puis, le robinet étant bien bouché et le tube ne contenant pas d'air, on fait pénétrer dans cette deuxième portion 2 cc. d'une solution très concentrée de soude (calculée de façon qu'il y ait plus de soude qu'il en faut pour saturer l'acidité de la liqueur ammoniacale). On n'a plus qu'à ajouter alors le réactif hypobromite et la réaction se fait. On continue le dosage comme pour l'urée.

De cette façon, il est absolument impossible de perdre une trace d'ammoniaque ; en outre, le procédé devient plus expéditif car il faut pas mal de temps pour saturer comme le veut Henninger le liquide ammoniacal.

Plus récemment (1886) MM. Pflueger et Bolhand ont substitué à l'acide mono-hydraté un mélange d'acide sulfurique anglais et d'acide de Nordhausen (dans le but probablement de diminuer le temps de la réaction, car ils prétendent faire ainsi un dosage d'azote total en 1 heure). Ils introduisent 5 cc. d'urine dans un matras de 300 cc. de capacité avec 10 cc. d'acide sulfurique anglais et 10 cc. d'acide sulfurique fumant, puis chauffant le tout sur une toile métallique jusqu'à expulsion de l'eau et des produits gazeux. On chauffe jusqu'à ce que le liquide soit devenu jaunâtre.

On laisse refroidir et on fait 200 cc. de liquide. Celui-ci est enfin introduit dans un ballon de trois quarts de litre de capacité ; on y ajoute 80 cc. de solution de soude caustique (D = 1.3) et l'on distille : l'ammoniaque est reçu dans une liqueur titrée d'acide sulfurique.

Nous ne pensons pas que ce procédé soit plus commode ni plus juste que le procédé Henninger : aussi jusqu'à preuve du contraire c'est ce dernier que nous emploierons.